°C

豆苗探索科学知识

身临其境大百科

自然现象如何形成

王　晶　主编

吉林科学技术出版社

图书在版编目（CIP）数据

自然现象如何形成 / 王晶主编 . — 长春 : 吉林科学技术出版社，2021.6

（身临其境大百科）

ISBN 978-7-5578-7989-1

Ⅰ . ①自… Ⅱ . ①王… Ⅲ . ①自然现象 - 儿童读物 Ⅳ . ① N91-49

中国版本图书馆 CIP 数据核字（2021）第 015649 号

身临其境大百科

自然现象如何形成

ZIRAN XIANXIANG RUHE XINGCHENG

主　　编　王　晶
出 版 人　宛　霞
责任编辑　王聪会
助理编辑　周　禹
排　　版　百事通
图文统筹　上品励合（北京）文化传播有限公司
封面设计　百事通
幅面尺寸　260 mm × 250 mm
开　　本　12
印　　张　3.5
页　　数　42
字　　数　40 千字
印　　数　1-6000 册
版　　次　2021 年 6 月第 1 版
印　　次　2021 年 6 月第 1 次印刷
出　　版　吉林科学技术出版社
发　　行　吉林科学技术出版社
社　　址　长春市福祉大路 5788 号龙腾国际大厦 A 座
邮　　编　130118

发行部电话 / 传真　0431-81629529　81629530　81629531
81629532　81629533　81629534
储运部电话　0431-86059116
编辑部电话　0431-81629519
印　　刷　吉广控股有限公司
书　　号　ISBN 978-7-5578-7989-1
定　　价　39.90 元

目录

雨过天晴白云飘，
天空架起彩虹桥，
红橙黄绿青蓝紫，
数数一共有七道。
天上有老神仙在洒水吗？
咦？雨是从哪里掉下来的呢？

天气是怎样形成的

小时候，我总是疑惑，天上真的有神仙掌管着天气变化吗？后来，我的这个疑问被大眼镜老师知道了，她说："小孩子要相信科学，掌管天气变化的是太阳。"

到底什么是天气

大眼镜老师说："天气就是在距地表最近的大气层中，短时间内发生的气象变化，比如气温、气压、湿度的变化，以及出现的风、雷、雨、电等各种自然现象。"

构成天气的"亲戚朋友"们

气候

是指地球上某一个区域多年来同一时段大气的平均状态，是这一时段各种天气变化的综合表现。

降水

是指空气中的水分在冷空气中凝结，形成固态水、液态水等落到地面上，比如雨、雪、冰雹等都是降水哦！

气形成靠太阳

天气究竟是怎样形成的呢?

太阳就像一个大火球，为地球提供光和热，这是形成天气的基础。太阳直射多的地方，例如赤道附近，气温很高，热空气就多。

像南北极地区，太阳照射的时间短，温度较低，冷空气较多。这些冷空气和热空气在大气层中相遇后，再借助其他天气成员的帮助就形成了各种不同的气象。

审图号：GS(2021)3051 号

气 温

气温表示天气的冷热程度。一天当中的最高气温一般出现在午后两点，最低气温一般出现在日出前。

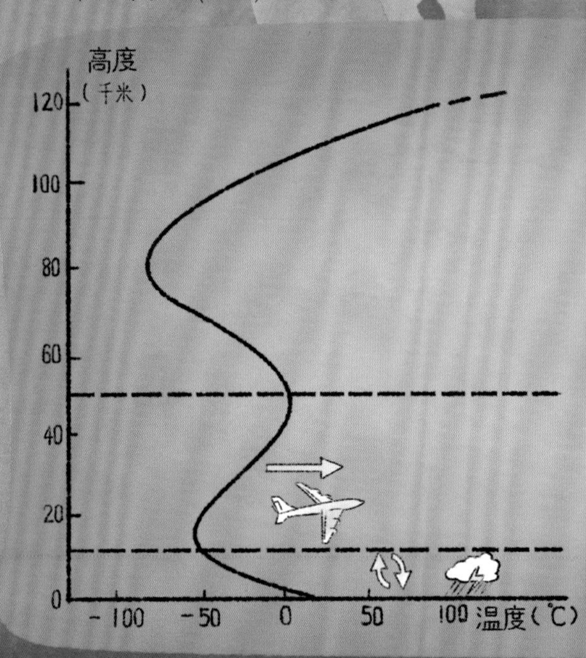

大气层

它是围绕着地球的一层混合气体，包围着陆地和海洋。当它发生变化时，就会通过天气形态表现出来。

天气预报是我们的好朋友

大眼镜老师说，天气预报是人们的好伙伴，什么时候刮风、什么时候下雨……它都能提前知道，为人们的生活和工作提供了很多便利。而我呢，也很喜欢看天气预报，尤其是卫星云图上那些奇怪的符号，非常有趣。

怎样预测天气？

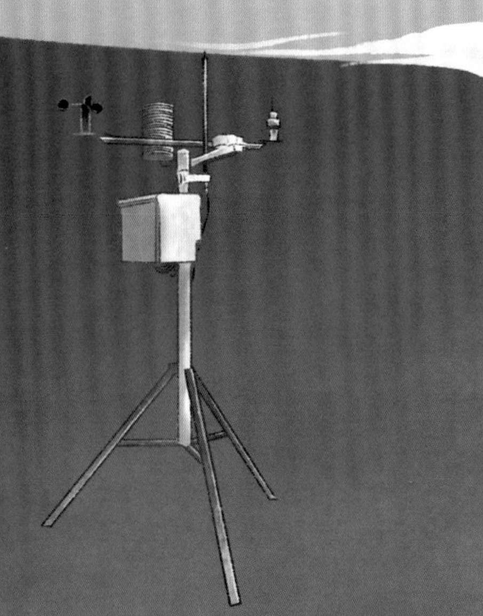

地面气象站

设在地面或船舶上的设备，能够监测地面刮风、下雨、温度高低等。

探空气球

可以携带无线电仪器，飘到大气层中监测气象数据。

雷达

这里是指可以监测气象数据的雷达。

海洋气象站

设在海洋上的设备，能监测台风、洋流等海洋气象数据。

探空火箭

用来探测30千米以上高空中的紫外线、地磁场等，以进行数据的搜集。

天空灰布悬，大雨必连绵；天有鱼鳞云，不雨也狂风。

读懂天气符号

晴	雷阵雨	气温偏高	干旱区
多云	雨夹雪	雷电	浮尘
阴	小雪	冰雹	扬沙
小雨	中雪	台风	沙尘暴
中雨	大雪	龙卷风	霾
大雨	暴雪	刮风	雾
暴雨	冻雨	8级大风	霜冻
阵雨	连阴雨		

这些天气符号你记住了几个？画一画，说一说。

晴　小雨　中雪　刮风

冰雹　雨夹雪　沙尘暴

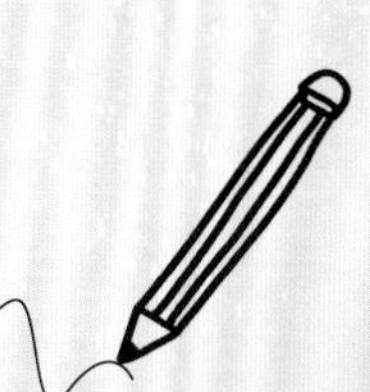

古人判断天气的秘诀

河里鱼跳出大雨必来到。

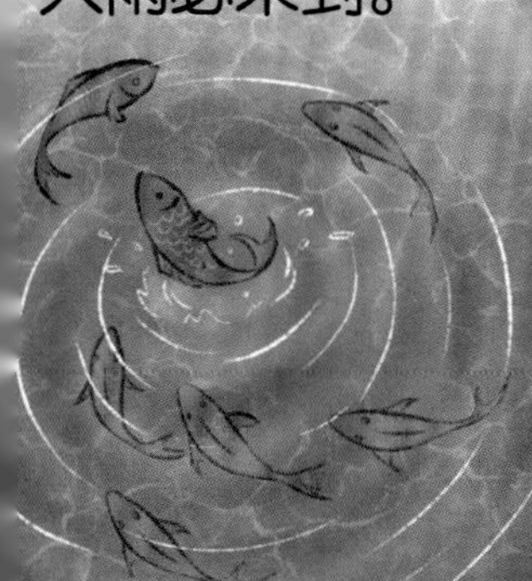

雨前有风雨不久，雨后无风雨不停。

蚂蚁垒窝要下雨。

燕子低，披蓑衣。

风婆婆来了

风对人类影响很大。虽然风具有一定的破坏性，但它对人类也有很多用处，如人类可以用它来发电，供应我们的日常生活。现在就让我们认识一下这位威风八面的“风婆婆”吧！

住在不同地方的风

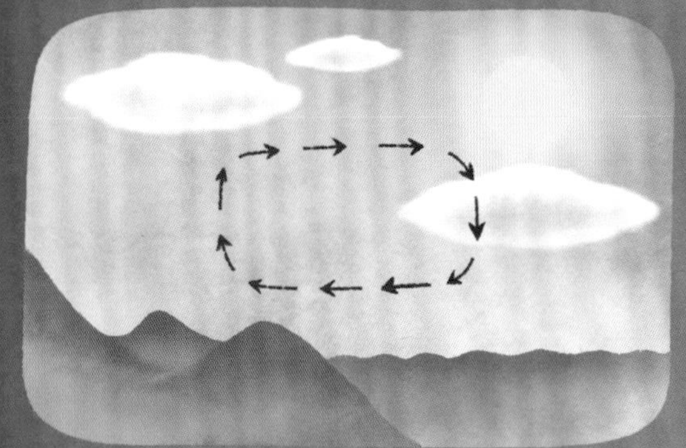

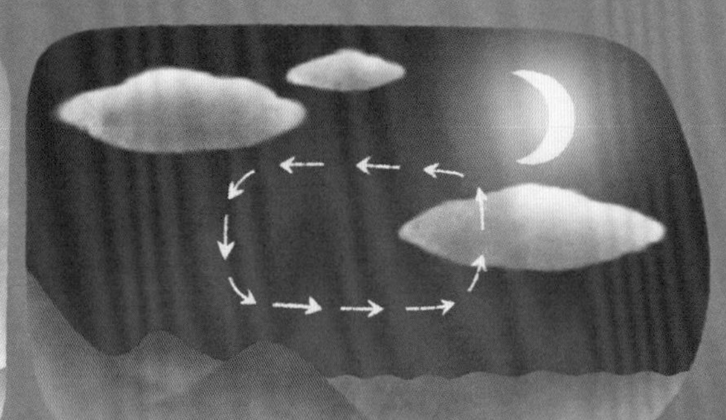

活动在海洋和陆地上的风——海陆风

出现在近海和海岸地区，白天风从海上吹向陆地，夜间又从陆地吹向海上，这种昼夜交替、有规律地改变方向的风称海陆风。

住在山脉背风坡的风——焚风

空气做绝热下沉运动时，因温度升高、湿度降低而形成的一种干热风。它可以促进春雪消融、作物早熟，也易引起森林火灾、干旱等自然灾害。

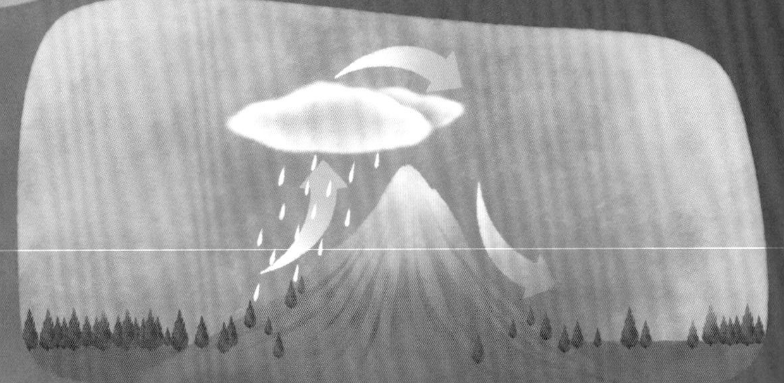

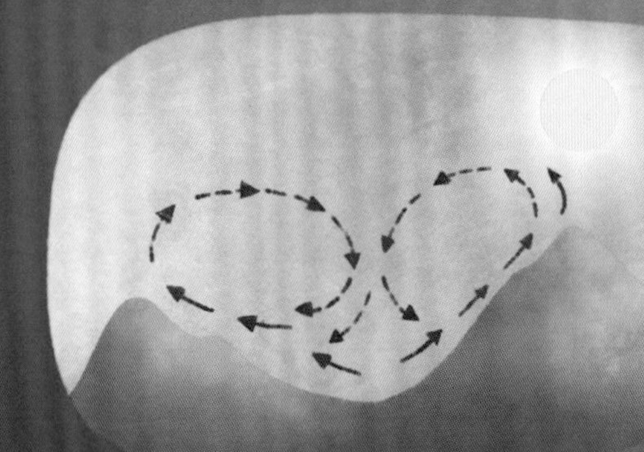

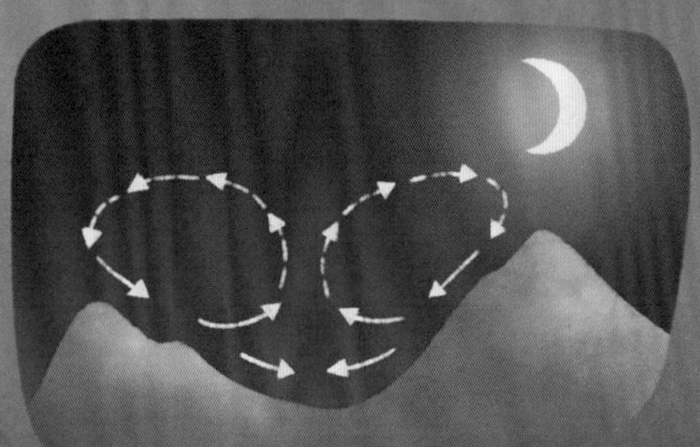

住在山坡和山谷之间的风——山谷风

在山坡和山谷之间，随昼夜交替而转换风向的风叫山谷风。

风是这样形成的

审图号：GS(2021)3051 号

阳光照射地面

你们知道吗，地球是在不停转动的，所以，太阳光直射的地方就热，而斜射的地方就冷了。当冷热空气相遇时，冷空气往下走，热空气往上升，形成了空气对流，风就产生啦。

风力到底有多大

0 级烟柱直冲天

1 级青烟随风飘

2 级轻风吹脸面

3 级叶动红旗展

4 级风吹纸片飞

5 级小树随风摇

6 级举伞艰难行

7 级迎风走不便

8 级风吹树枝折

9 级屋顶飞瓦片

10 级树拔房屋倒

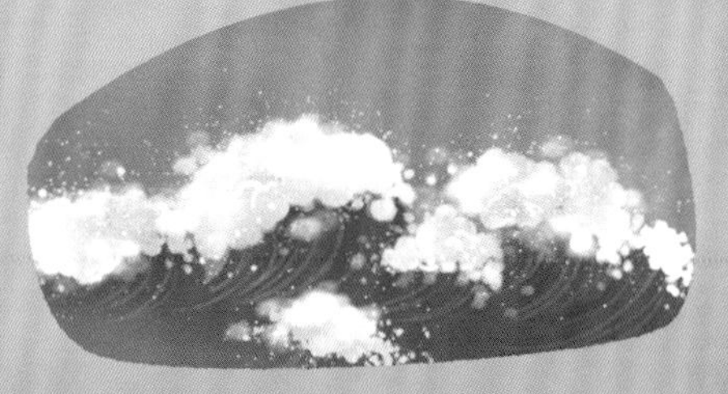

11、12 级地面很少见

摧毁一切的龙卷风

大眼镜老师说，龙卷风具有摧毁一切的能力，它发生时间短，移动速度快，天气预报很难预测出来，往往会给人类带来惨重损失。龙卷风就是雷暴巨大能量中的一小部分在很小的区域内集中释放的一种形式。

会伴有雷雨或冰雹

漏斗状云柱

积雨云
中心附近风速为100~200 米 / 秒，最高 300 米 / 秒，破坏性极强
单个龙卷风影响直径为几米到几百米，平均 250 米左右

龙卷风的家庭成员

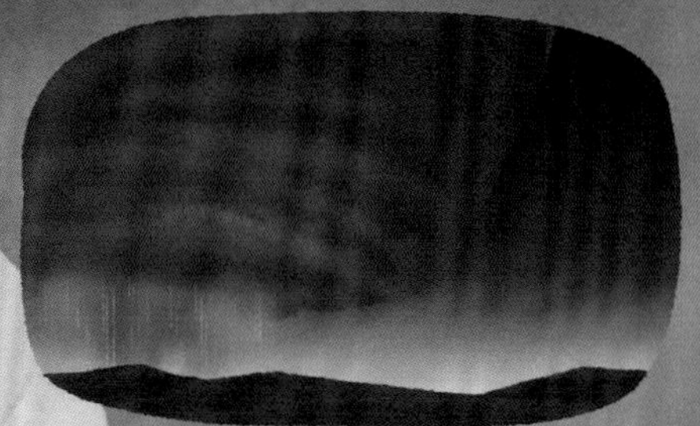

漩涡龙卷

多股龙卷风联合出击，围绕着同一个中心旋转。

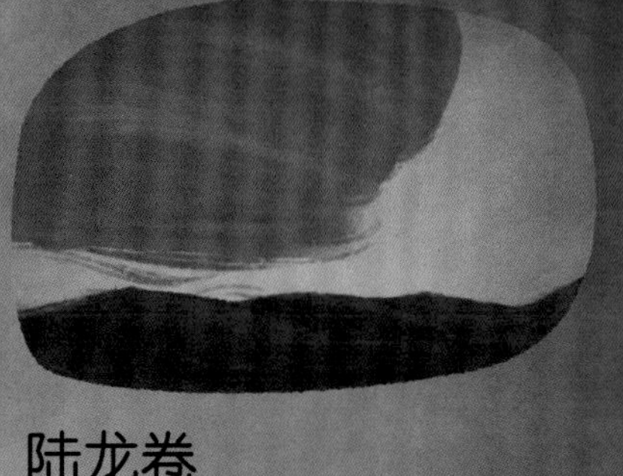

陆龙卷

悬浮在陆地上的龙卷风。

水龙卷

强大的风将水流旋转带入空中形成的龙卷风。

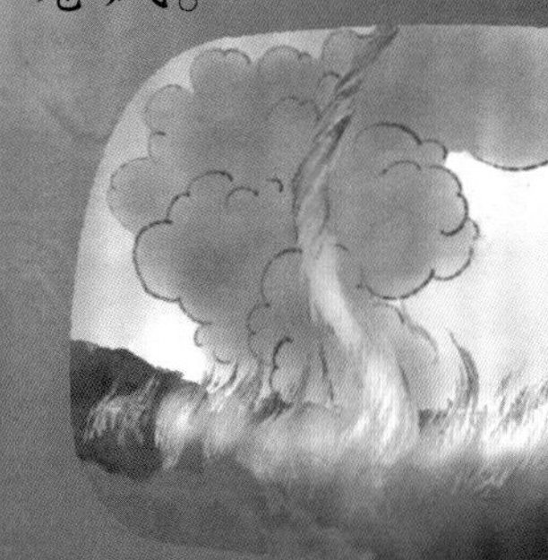

火龙卷

火灾发生时，恰好风势较大，就可能形成火龙卷。

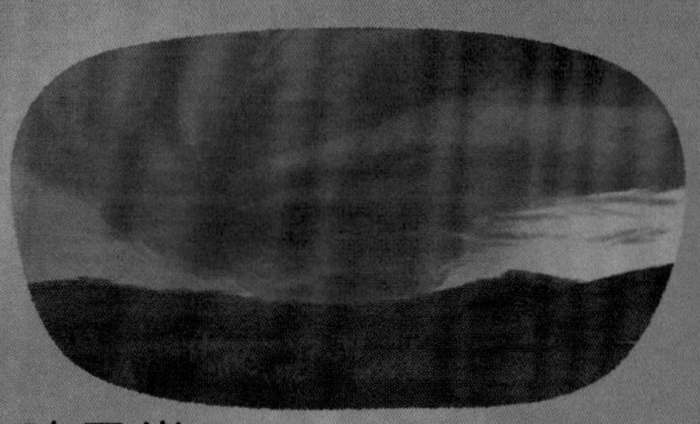

阵风卷

干冷气流和暖湿空气相遇形成旋转的阵风卷。

尘卷风

当地面突然急速增温时，就有可能形成小旋风，带动尘土就形成尘卷风。

令人闻风丧胆的台风

大眼镜老师在课堂上说，福建沿海地区的小朋友都停课了，原因是台风要来了。听到这个名字，就觉得不寻常。让我们一起来看看什么是台风吧！

台风登场

1. 台风发生在海面26℃以上的亚热带、热带。

2. 太阳照射海面，海面温度上升。

3. 大量海水向上蒸发。

4. 遇冷后下沉。

5. 形成一个低气压中心。

6. 暖湿空气受冷凝结成水滴，放出热量，使得底层空气继续上升，海洋表面的气压变得更低，再受地球偏向力的影响，空气旋转越来越快，台风就形成了。

风眼周围环绕着眼壁，是热带气旋里风力最强的，降水量也是最大的。

飓风可不是台风哦，它主要发生在东太平洋地区、大西洋和加勒比海地区。但它们都是一种热带气旋，只是发生地点不同，叫法不同而已。

风眼是台风最平静的地带，微风、天气晴朗的状态下，宽度为几米到几千米间。

台风有多危险

狂风暴雨

八级台风可吹断树枝，九级台风可使屋顶瓦片飞落，十级台风可连根拔树，往往还伴随着强暴雨，引发城市内涝、山体滑坡等灾害。

风暴潮

当台风登陆陆地时，推动海水向海岸边不断堆积，掀起滔天巨浪，很容易冲垮海堤，继而淹没靠海较近的房屋、树木、庄稼等。

遮天蔽日的沙尘暴

在很多年前，沙尘暴特别猖狂，太阳公公的光芒都会被它遮住，天昏地暗的。不过，近几年，很少看到大沙尘暴了。大眼镜老师说，这是因为人们积极地植树造林，把沙尘暴控制住了。

当你看见狂风大作、黄沙漫天时，就是沙尘暴来啦！

沙尘暴持续时间不同，短的几个小时，长的则好几天，范围非常大。

沙尘暴极易导致呼吸系统方面疾病的发生。

沙尘暴会使农民伯伯的庄稼减少产量。

沙尘暴会吹散土壤，使沙漠化加剧。

沙尘暴出现的三个条件

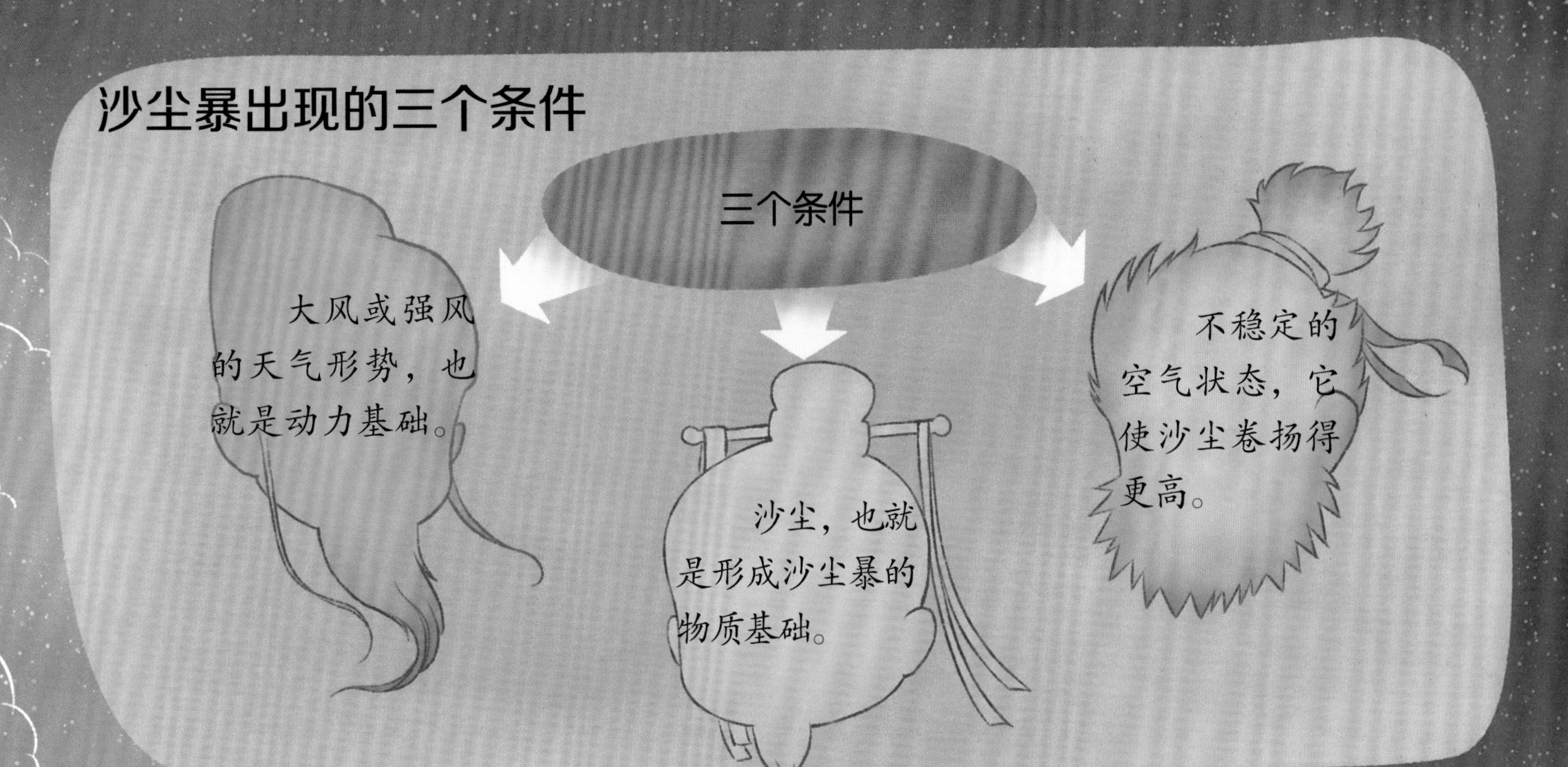

三个条件
大风或强风的天气形势，也就是动力基础。
沙尘，也就是形成沙尘暴的物质基础。
不稳定的空气状态，它使沙尘卷扬得更高。

沙尘暴大摇大摆地来了！

大量沙尘被大风或强风吹起，带入空中，就形成了尘云。

这些沙尘也可能被大风带到更远的地方，直到伴随降雨落到地面或受重力影响沉降下来。

每当冬季、春季，一些干旱、半干旱地区地表干燥，抗风蚀能力变弱，地面上的沙土就形成了沙尘源。

天空中的“水”是从哪来的

大家都见过下雨、下雪、下冰雹，这些都是水在天空中的不同存在形式，那么天空中为什么会有水呢？它从哪里来呢？什么情况下会下雨、下雪、下冰雹呢？让我们一起来探索吧！

天空中水的秘密

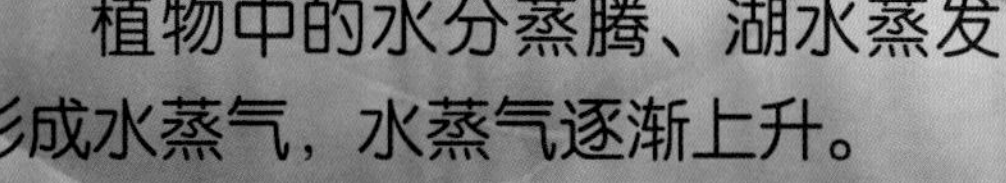

植物中的水分蒸腾、湖水蒸发形成水蒸气，水蒸气逐渐上升。

天空降雨后，水面蒸发，变成水蒸气回到天空中，然后再汇集形成降雨，如此反复循环。

湖水向地下渗，形成地下径流。

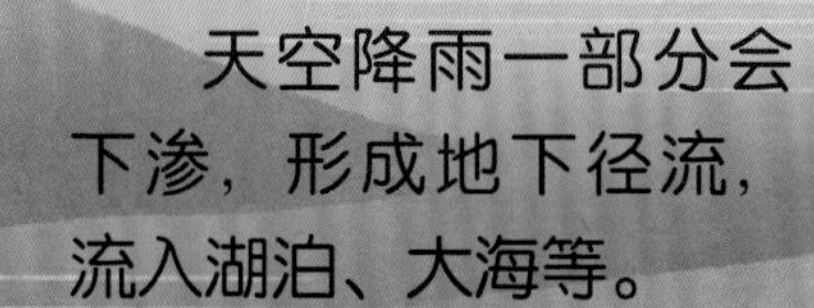

天空降雨一部分会下渗，形成地下径流，流入湖泊、大海等。

雨从哪里来？

地球上的水在太阳光照射下变成水蒸气，升到空中，越向上升温度越低，慢慢凝结成小水滴，这些小水滴又抱团成云，当小水滴越来越多的时候，云就感到很累了，一松手，就变成了千万滴小雨点落下来。

下雨、下冰雹，还是下雪？

下雨、下冰雹还是下雪，这就要取决于云层的状态以及地面温度高低啦！

下雨

空气中的水蒸气遇冷凝结成水滴，雨就形成了。

下冰雹

雨滴下降过程中遇到强冷空气，形成冰团，冰雹就形成了。

下雪

雨滴下降时，遇到既寒冷又有充足水汽的冷空气，结合大气中的冰晶，就形成了雪。

降水的好处多多

地球上的水总是在不停地循环运动，不仅调节了气候的冷暖，还改变了地貌，补充了陆地的水资源，给万物带来生机。

被称为“空中死神”的酸雨

酸雨，就是有酸味的雨吗？大眼镜老师说，酸雨中的酸指的是 pH 值，当 pH 值小于 5.6 时就是酸雨了。那么，天空中为什么会下酸雨呢？我们该怎样应对呢？

我们一起来战胜酸雨

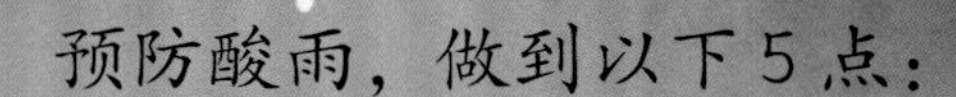

预防酸雨，做到以下 5 点：

1. 绿色出行，多乘坐公共交通工具。
2. 给垃圾分类，不乱丢垃圾，尤其是废旧电池，避免污染土壤和水源。
3. 开发新能源，如太阳能等。
4. 监督工业生产单位，提倡科学处理废弃污染物。
5. 使用天然气这类较为清洁的能源，少用煤炭。

酸雨是怎么来的?

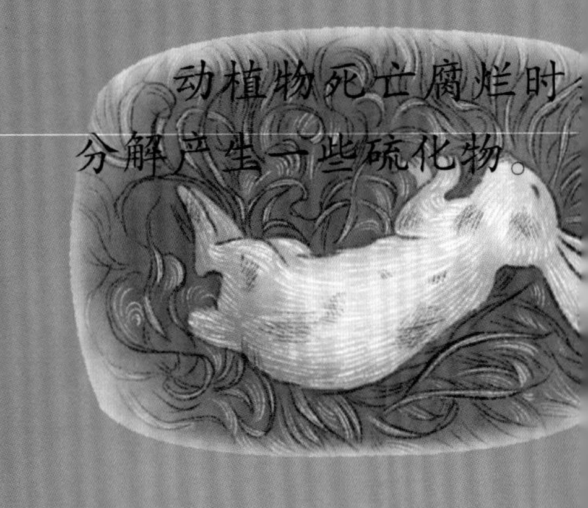

动植物死亡腐烂时，分解产生一些硫化物。

海水蒸发出
氮、硫酸等物质，
进入空中。

酸雨有多大危害

酸雨一下，湖水 pH 值下降，鱼虾难以存活。

火山喷发时释放出大
量的含硫物质。
煤炭和石油燃烧时会释放
出大量的二氧化硫。
酸雨
化工厂排放大量
的二氧化硫。
闪电能够使空气中
的氮气和氧气变成一氧
化氮等。
汽车发动时会频繁
释放出氮氧化物。
酸雨一下，土壤酸
化，农作物就会减产。
酸雨一下，建
筑物会受损。
酸雨一下，
会加速植物死亡。

可怕的暴风雪

对于我们小孩子来说，下雪是最快乐的事情，因为可以打雪仗、堆雪人和滑雪。但是，暴风雪可不一样，暴雪和强风一起登场，非常危险。

遭遇暴风雪怎么办？

户外这样做

不要停留在广告牌、树下或临时搭建物等地方，以免建筑物倒塌出现危险。

室内这样应对

准备好充足的食物、水、救生包等，雪停后及时清理积雪，以免道路结冰。

关注天气和交通信息

要关注天气预报和交通信息，有外出计划者应该提前做好准备。

暴风雪的危害

交通瘫痪

暴风雪会造成视线受阻、路面湿滑，极易发生交通事故，导致交通瘫痪。

大面积断电

极大的降雪量常会造成电线、铁塔、电线杆等电力设备损坏，导致断电。

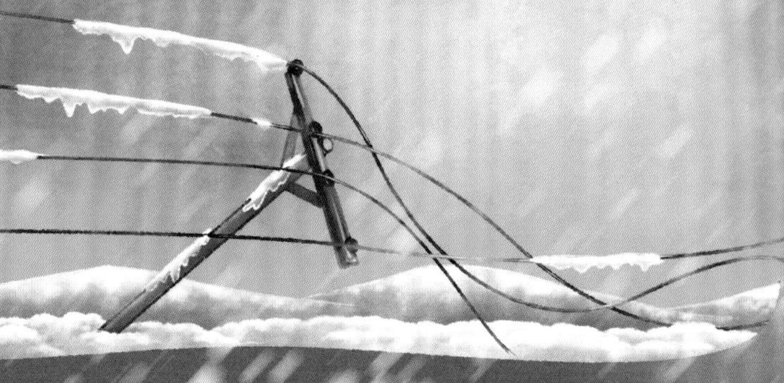

引发早春洪涝灾害

暴风雪带来的大量降雪，在气温回升融化后，容易引发洪涝灾害。

雪崩

山顶上的积雪越堆越高时，就可能突然从山上倾泻下来，形成雪崩。

对土壤、水源造成污染

给道路撒的盐和融雪剂，会污染土壤和地下水源。

工业生产受影响

暴风雪会影响电力输送，给工业生产带来重大影响。

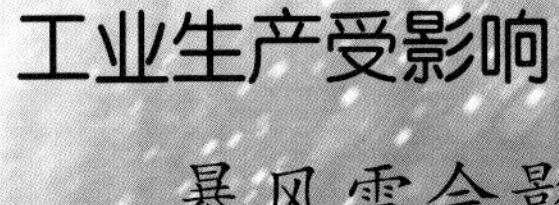

农作物受灾严重

积雪过厚，会造成蔬菜大棚、花卉大棚倒塌，使农作物受灾严重。

被称作“温柔杀手”的雾霾

近几年，电视里总是在说“雾霾”这个词，雾霾究竟是什么呢？让我们一起来看看吧！

雾霾从哪里来

雾霾，就是雾和霾的组合词，雾＋霾＝雾霾。雾是由空气中微小的水分子和冰晶组成的；霾是由空气中的灰尘、氮氧化合物、硫酸等颗粒物组成的固体。那么，雾霾是从哪儿来的呢？根据专家调查，雾霾主要来自企业排放的污染物、汽车排放的尾气、冬季供暖燃煤、焚烧秸秆等。

PM2.5 是什么？

PM2.5 是空气中直径小于等于 2.5 微米的颗粒物，是霾的主要成分，上面吸附着很多有毒、有害的物质，常随着空气到处流动，还很容易通过呼吸道进入体内，对人体健康危害很大。

雾霾会导致我们打针吃药

- 雾霾会增加脑卒中的发病率。
- 空气中的刺激性气体会导致结膜炎的发生。
- 雾霾会增加咽炎的发病率，还易诱发哮喘。
- 雾霾会诱发气管炎。
- 雾霾对人体血管的影响也很严重，会阻碍正常的血液循环，可能诱发心绞痛、心肌梗死等疾病。
- 不利于儿童成长。

打败雾霾跟我做

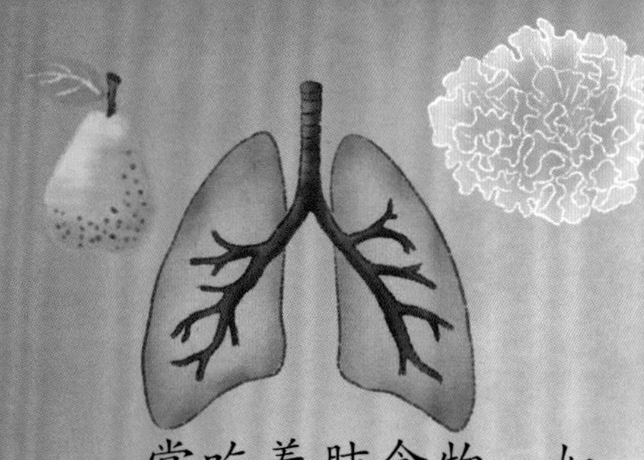

常吃养肺食物，如梨、银耳等。

外出戴口罩。

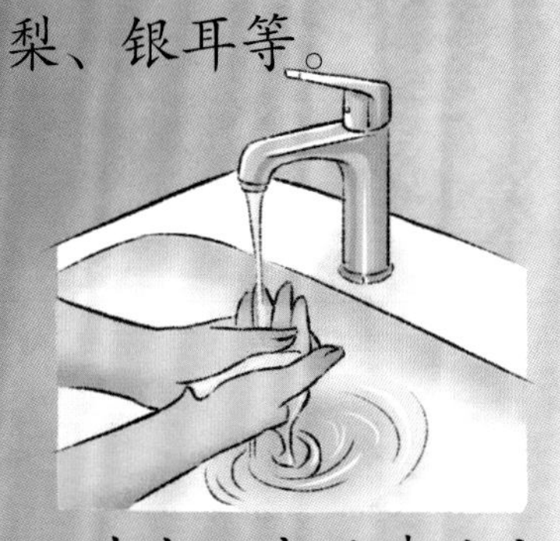

外出回家后清洁衣物，清洗鼻腔、手等暴露部位。

别过早出门。

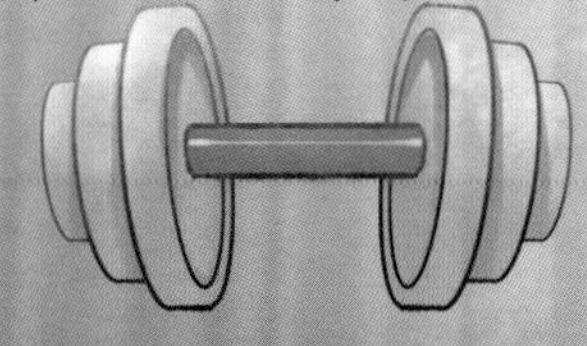

适当锻炼，增强体质。

不舒服时及时就医。

露水和霜

早上，我发现学校草坪里的小草叶片上，挂着晶莹剔透的水珠。到了秋天，水珠就变成了霜，而且外形非常好看。为什么会出现这种变化呢？

小露珠，亮晶晶

日落之前，气温降低，地面的水汽慢慢凝结成团，一直到第二天早上还未蒸发，露珠就出现了。

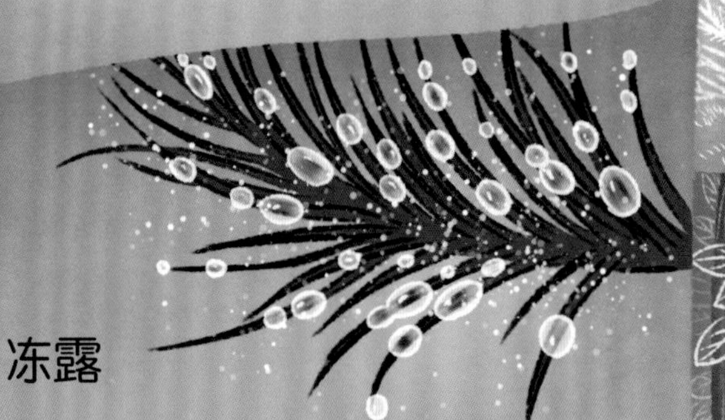

冻露

露珠形成时，如果周遭气温继续降低，露珠就有可能凝结成冰，就是冻露。

露点温度

露点温度就是空气中的水汽达到饱和变成露珠时的温度。如果水汽没有达到饱和，气温就会比露点温度高，所以，露点温度也用来表示湿度。

霜

北方的秋冬季节气温比较低，暖空气中的水汽遇冷凝结成小冰晶，它们趴在树枝上或窗户上，就是我们看到的霜了。

有趣的小实验——霜的形成

1. 准备一个不锈钢杯子，装三分之一杯碎冰块。
2. 撒上少许盐，促进冰块融化，让杯子里温度更低。
3. 将处理好的杯子盖上盖子，放到一块湿润的布上。
4. 你瞧，杯壁上那一层薄薄的、白色的物质，就是霜啦！

不同形状的云

大眼镜老师说，天空中的云不仅形状各异，而且都有自己的名字。下面，我们就一起来认识一下吧！

卷云

位于5000~10000米，由冰晶组成，呈细条纹状、斑块状等。

卷层云

位于5000米以上，看上去像白纱，薄得可以显露出太阳或月亮。

高层云

位于2000~7000米，日出前和日落前常被太阳渲染得光彩夺目。

层云

位于2000米以下，像灰色的雾，有时伴有小雨或小雪。

雨层云

云底高度在2000米以下，云体很厚实，颜色很暗，会形成持久的强降雨或降雪。

卷积云

位于5500米以上，由一个个小云块组成，互不相连，看起来很像鱼鳞。

高积云

位于2000~5000米，由许多小云朵组成，呈卷轴状，多为白色或灰色。

层积云

位于600~2000米，由片状、条状的云组成，多为亮白或蓝灰色。

积云

位于600~1200米，像棉花糖一样，一朵一朵的。

积雨云

位于600~1400米，云体庞大如高耸的岳，有上升气流，常产生雷暴、阵雨（雪）有时产生冰雹，云底偶有龙卷风产生。

游戏时刻到：我出谜，你来猜

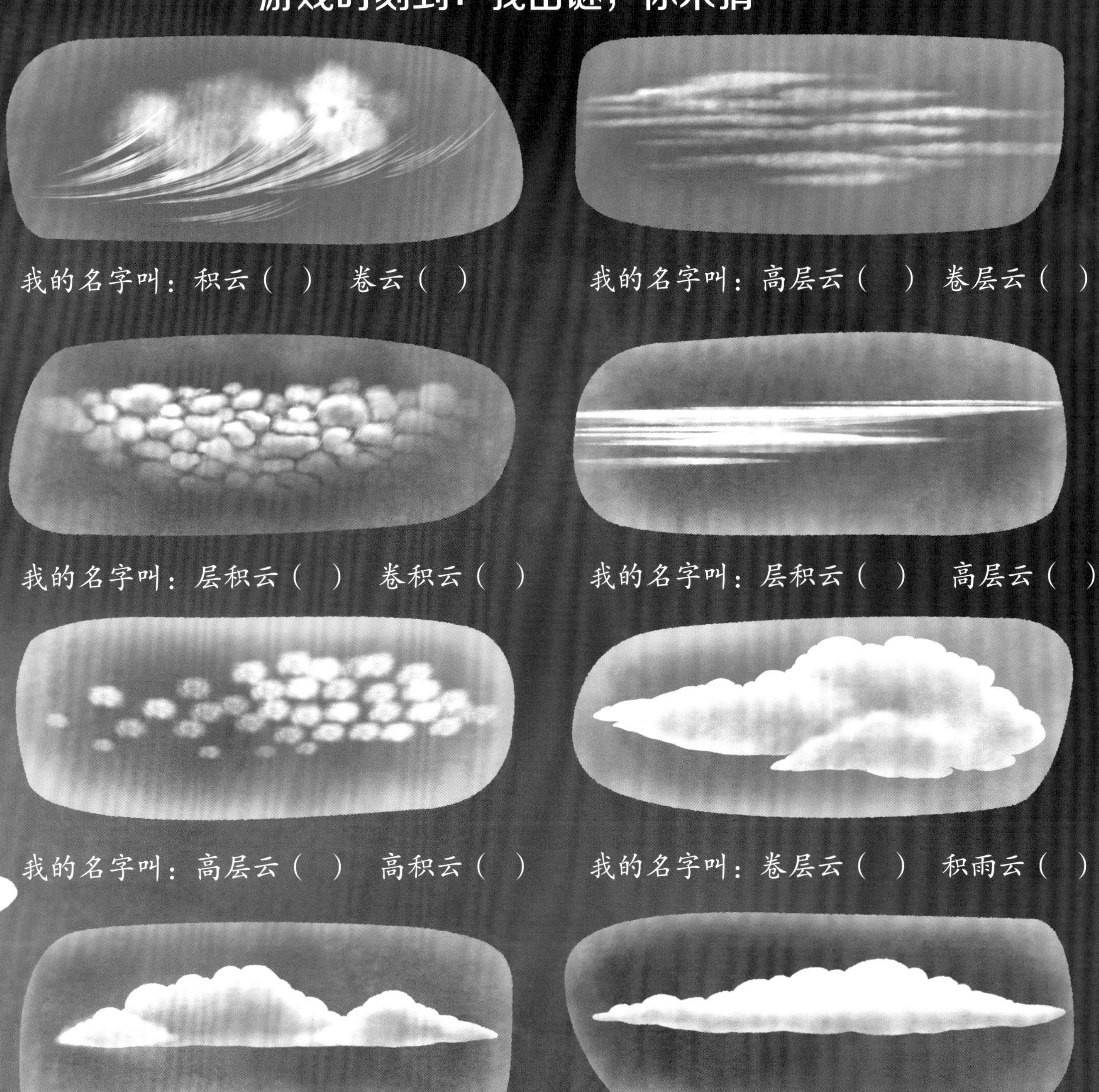

我的名字叫：积云（ ） 卷云（ ）

我的名字叫：高层云（ ） 卷层云（ ）

我的名字叫：层积云（ ） 卷积云（ ）

我的名字叫：层积云（ ） 高层云（ ）

我的名字叫：高层云（ ） 高积云（ ）

我的名字叫：卷层云（ ） 积雨云（ ）

我的名字叫：卷积云（ ） 积云（ ）

我的名字叫：卷云（ ） 层积云（ ）

答案请参考28页图片。

常结伴同行的闪电和雷

天气现象中，你最讨厌哪种呢？估计大多数小朋友都会选择打雷，反正我的答案是它。太吓人了！但大眼镜老师说，事物都有两面性，闪电、打雷也一样。那么，让我们来认识一下这对好兄弟吧！

你认识几种闪电？

带状闪电

带状闪电是由连续数次的放电组成，这种闪电如果击中房屋，可以立即引起大面积燃烧。

片状闪电

这是一种常见的闪电形状，它看起来好像是云面上有一片闪光。

线状（或枝状）闪电

线状闪电是云对地面放电形成的，在天空中像树枝似的。

球状闪电

球状闪电的危害较大，它可以随着气流在近地空中自在飘飞。

小朋友们，你们知道先有闪电还是先有雷吗？观察一下，记录下来吧！

形影不离的好兄弟——闪电和雷

雷电是怎么来的呢？简单地说，就是水滴和冰晶在积雨云中打架，摩擦产生了电荷，以闪电的形式击向地面。沿途中会产生大量的热量，周围的空气受热膨胀，互相挤压，产生剧烈的震动。于是，我们就听到了轰隆隆的雷声。

雷雨来临时我们应该怎么做

在室外这样做：

1. 不要躲在大树下和没有避雷装置的建筑物附近。

2. 不要手持金属高举过头顶，要关闭手机。

3. 避免身上的衣物湿透，防止遭受电击。

4. 找地势较低的地方蹲下，双脚并拢，双手抱膝，尽量低下头。

在室内这样做：

1. 关好门窗，远离门窗、阳台。

2. 拔掉家用电器的电源。

3. 不要使用太阳能热水器。

那些美丽的天气现象

你见过彩虹、霓虹等天气现象吗？快来看看吧！大眼镜老师正带我们进入一个美丽的世界。

霓

仙子架设在天空中的桥——彩虹

当阳光照射到半空中的水滴时，小水滴挺圆了肚子，用力将光线推了出去，有的光线被折射，也有的光线被反射，在天空中就形成了拱形的七彩光谱。如果光线再多反射一次，我们就能看到第二道彩虹了，这就叫作“霓”。

完全不同于彩虹的环天顶弧

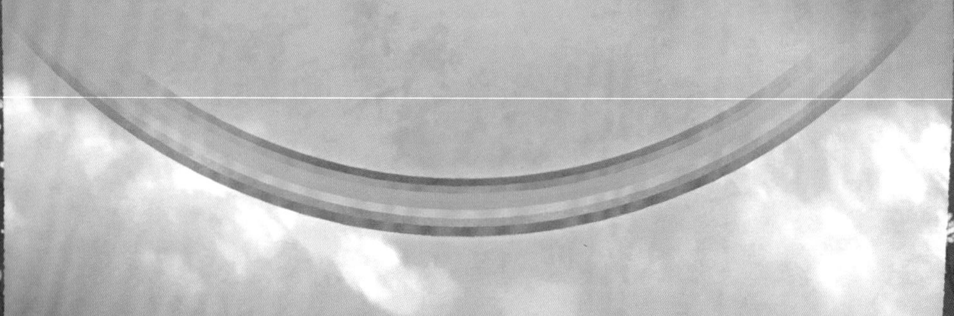

环天顶弧看起来就像是彩虹在倒挂，它是太阳光从水平方向，通过冰晶折射而形成的。仔细看，它最内侧是紫色，最外侧是红色，好像是上下颠倒的彩虹。

罕见的“白色彩虹”——雾虹

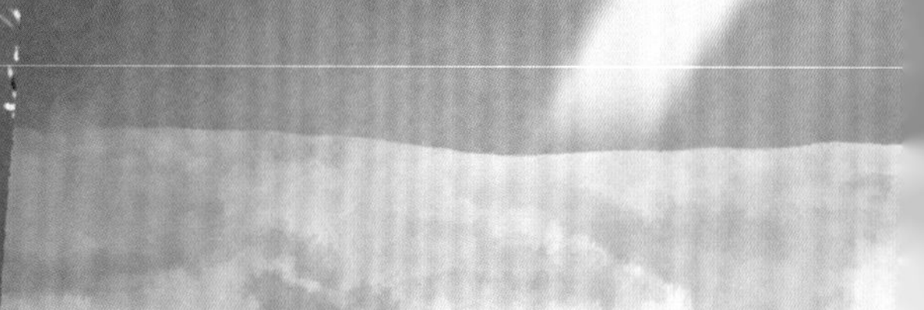

它是太阳光照在非常微小的水分子上，水分子用尽力气反射以及折射而形成的。雾虹没有颜色，显示为白色，因此被称为“白色的彩虹”。

“天神的权杖”——太阳光柱

日出或日落前后，如果气温低，天气晴朗又无风，大量冰晶从高空飘落，当遇到空气阻力时，下降速度变慢了，甚至悬浮在地面的上空，阳光照射到数百万个冰晶后，发生反射，就形成了一道神奇的光柱，这就是太阳光柱。

天气也有坏脾气

由于天气的各种坏脾气，使地球上产生了很多的极端地点，让我们一起去看看吧！

热极

地球上最热的地方，每年都在进行“换届选举”。其中比较出名的是非洲利比里亚的加里延，据记载最高气温可达到 57.8℃，当地居民可在晒得发烫的地上摊鸡蛋饼了。

旱极

智利北部的阿塔卡马沙漠，降雨量低至地球之最。那里年平均降水量小于 0.1 毫米，特别是 1845－1936 年，居然有 91 年没有下过雨。

雪极

美国贝克山应该算是降雪量较大的地区之一，至今仍保持着单季降雪量2896 厘米的记录，相当于 4~5 层楼房那么高。

雷极

印尼有个著名的“雷都”茂物市。这里雷雨频发，一年打雷的日子平均达 300 天以上；而委内瑞拉的马拉开波湖更有意思，简直就是“上帝之怒”，一年之中有超过 290 天会发生雷电现象，每年的闪电总次数超过百万次。

风极

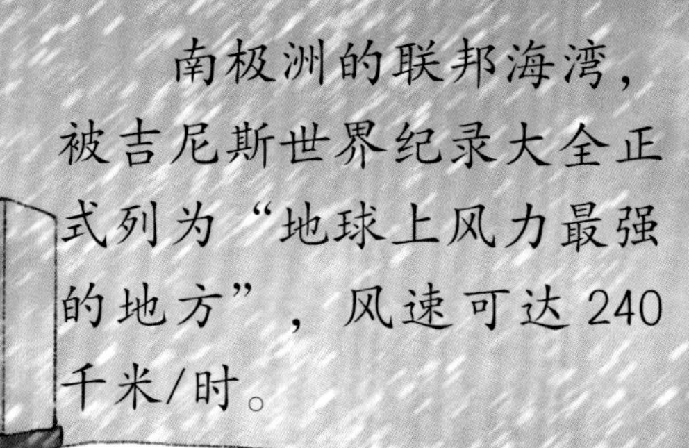

南极洲的联邦海湾，被吉尼斯世界纪录大全正式列为“地球上风力最强的地方”，风速可达 240 千米/时。

寒极

许多人认为地球最冷的地方一定在南极或北极，其实不是的，俄罗斯一个名叫奥伊米亚康的地方是世界上最寒冷的永久居住地之一，最低温度可达到零下 71℃，有地球“寒极”的称号。

雨极

乞拉朋齐，位于喜马拉雅山南麓的印度梅加拉亚邦，年降水量可达 20000 毫米以上，被称为“地球的雨极”。

湿极

在美国夏威夷，有一个叫怀厄莱阿莱的地方，那里是全球最潮湿的地区，一年没几天能见到太阳，被子上都能长出蘑菇来呢！

“我们下一站是……”

°C
°C